omar FARSSI

Otimização das técnicas de irrigação

omar FARSSI

Otimização das técnicas de irrigação

Impacto de várias estratégias de rega nos parâmetros agro-fisiológicos de uma plantação jovem de oliveiras.

ScienciaScripts

Imprint

Any brand names and product names mentioned in this book are subject to trademark, brand or patent protection and are trademarks or registered trademarks of their respective holders. The use of brand names, product names, common names, trade names, product descriptions etc. even without a particular marking in this work is in no way to be construed to mean that such names may be regarded as unrestricted in respect of trademark and brand protection legislation and could thus be used by anyone.

Cover image: www.ingimage.com

This book is a translation from the original published under ISBN 978-620-6-72704-0.

Publisher:
Sciencia Scripts
is a trademark of
Dodo Books Indian Ocean Ltd. and OmniScriptum S.R.L publishing group

120 High Road, East Finchley, London, N2 9ED, United Kingdom
Str. Armeneasca 28/1, office 1, Chisinau MD-2012, Republic of Moldova, Europe
Printed at: see last page
ISBN: 978-620-3-74498-9

Copyright © omar FARSSI
Copyright © 2024 Dodo Books Indian Ocean Ltd. and OmniScriptum S.R.L publishing group

ÍNDICE

RESUMO 2

INTRODUÇÃO 3

CAPÍTULO I 5

CAPÍTULO II...15

CAPÍTULO III 24

PERSPECTIVAS...36

REFERÊNCIAS BIBLIOGRÁFICAS 37

APÊNDICE 44

RESUMO

Este estudo centrou-se no efeito do regime de irrigação em certos parâmetros agro-fisiológicos e bioquímicos numa plantação jovem de oliveiras. O ensaio foi realizado no Domaine Expérimental de Saada do INRA de Marraquexe. Foram considerados três regimes de rega: T1= (100% ETc), T2= (70% ETc) e T3= Prática do Agricultor (PF). O sistema de irrigação utilizado para os dois primeiros regimes foi o gotejamento, enquanto o tratamento PA utilizou a irrigação por gravidade. A ETc foi calculada com base em dados meteorológicos da estação experimental. Os resultados obtidos mostraram que o regime de irrigação PA afetou os parâmetros agro-fisiológicos e bioquímicos medidos em comparação com o regime de irrigação 100% ETc. Verificaram-se reduções significativas nos parâmetros de vigor sob este regime de irrigação. Verificou-se que o défice de saturação de água e a permeabilidade da membrana aumentaram sob irrigação por gravidade, indicando o efeito prejudicial deste regime. A condutância estomática e o teor de clorofila das folhas foram afectados negativamente. Como resultado, as grandes quantidades de água de irrigação fornecidas neste tratamento (PA) não são usadas eficientemente, o que induziu stress hídrico nas oliveiras jovens. Quanto ao stress hídrico induzido pela rega deficiente no tratamento T2 (70% x ETC), este não induziu efeitos negativos significativos nos parâmetros agro-fisiológicos analisados, comparativamente ao tratamento T1 (100% ETc). Daí a importância de adotar este regime de irrigação e economizar 30% da água utilizada em relação ao T1 (100% ETc) e 80% da água utilizada em relação ao T3 (PA).

Palavras chave: Oliveiras jovens, irrigação deficitária, irrigação por gotejamento, irrigação por gravidade, parâmetros agro-fisiológicos, défice hídrico, evapotranspiração.

INTRODUÇÃO

Em muitas partes do mundo, há um interesse crescente pela oliveira e pelos seus produtos (Fernandez e Moreno, 1999). De facto, a oliveira é uma das espécies mais interessantes para o cultivo em zonas áridas e semi-áridas.

Este facto deve-se à sua notável adaptação à seca, que lhe permite desenvolver-se e produzir em condições de sequeiro em zonas com precipitação média, mesmo inferior a 500 mm por ano, e onde a estação seca pode durar cinco ou seis meses. O interesse agronómico da azeitona é reforçado pelo facto de esta apresentar uma resposta notável a qualquer melhoria das condições de cultivo.

O aumento da área de olivicultura de regadio dará, portanto, origem a um conflito de interesses na utilização da água em relação a outras culturas e outros usos, devido à escassez de recursos hídricos. Como muitos países do mundo, Marrocos enfrenta o problema do desenvolvimento e da gestão sustentável dos recursos hídricos. Na agricultura, e mais especificamente na olivicultura, é necessário otimizar a irrigação através de uma estimativa precisa das necessidades de água. Para atingir este objetivo, é necessário controlar o balanço hídrico do solo e certos parâmetros ecofisiológicos relacionados com a oliveira.

O objetivo é melhorar a gestão económica dos recursos hídricos e aumentar a eficiência da utilização da água de rega.

A irrigação deficitária é uma das soluções adoptadas. Baseia-se na melhoria do crescimento e na redução das perdas por evapotranspiração (Centritto et al., 2000; Costa et al., 2007). É neste contexto que se realizou o presente estudo, com o objetivo de estudar a resposta de uma plantação jovem de oliveira à rega deficitária em comparação com a técnica de rega convencional. Para tal, avaliámos o efeito de três regimes hídricos em determinados parâmetros agro-fisiológicos de oliveiras jovens. Os tratamentos de rega estudados foram:

- Irrigação por gravidade utilizada pelos agricultores

-   Irrigação localizada correspondente a 100% da ETc

-   Défice de rega localizada correspondente a 70% da ETc

CAPÍTULO I
BIBLIOGRAFIA DE ESTUDO

I. Informações gerais sobre a oliveira

I.1. História e descrição botânica

A oliveira é originária da Ásia Menor, onde é abundante e forma uma verdadeira floresta. Parece ter-se propagado da Síria à Grécia (De Candolle, 1883). Embora existam outras hipóteses no Baixo Egito, na Núbia. É por isso que Caruso a considera indígena da bacia mediterrânica. A partir do VI milénio, a sua cultura estendeu-se progressivamente a toda a bacia mediterrânica (Camps, 1974). A cultura da oliveira é também muito antiga em Marrocos. A picholine marroquina, que domina os olivais marroquinos, parece ser um híbrido entre uma linha materna oriental e uma linha materna ocidental (Boulouha et al., 2006). O tronco da árvore é cinzento-esverdeado até ao décimo ano e a sua altura varia de 4 a 8 metros, consoante a variedade (Barranco et al., 1995). É geralmente circular mas, com a idade, adquire um aspeto retorcido, caraterístico da árvore (Loussert et Brousse, 1978). A árvore distingue-se das outras espécies frutíferas pela sua longevidade. O desenvolvimento do sistema radicular depende das caraterísticas físico-químicas do solo: as raízes da oliveira são capazes de se adaptar à profundidade do solo, em função da sua estrutura e textura (Loussert et Brousse, 1978). As folhas da oliveira são simples e opostas, com uma face superior brilhante e coriácea, verde escura e brilhante devido a uma camada cerosa que limita a evapotranspiração, e uma face inferior prateada (Amouretti e Comet, 2000). Os estomas estão mergulhados em criptas, reduzindo as trocas gasosas (Loussert et Brousse, 1978). As flores são cachos longos e flexuosos com quatro a seis ramos secundários (Loussert et Brousse,

5

1978; Boulouha et al., 2006). A mesma inflorescência apresenta flores hermafroditas com um ovário encimado por um estilo curto e um estigma largo e flores imperfeitas sem pistilo (Boulouha et al., 2006). O fruto é uma drupa elíptica, globular, com 1 a 4 cm de comprimento e 0,6 a 2 cm de diâmetro, de cor verde, que se torna negra a negro-púrpura quando madura. O epicarpo está sempre ligado a uma polpa, o mesocarpo, que é carnuda e rica em gordura (Barranco et al., 1995 ; Loussert et Brousse, 1978).

I.2. Classificação

A oliveira pertence à família Oleaceae, que compreende 29 géneros. O género Olea europea L. contém cerca de 30 espécies. Pertence ao filo das espermáfitas, subfilo das angiospérmicas, ordem dos ligustrales, tribo Oleannae (Loussert et al., 1978). Dentro do género O europea, existem duas subespécies:

►Olea europea oleaster ou silvestris L. ou azeitona selvagem, bem adaptada aos rigores do clima mediterrânico (Boulouha, 1991).

►Olea europea sativa: A oliveira cultivada, caracterizada pela sua longevidade e durabilidade (Boulouha, 1991).

I.3. Ciclo vegetativo e produtivo da oliveira

Durante o seu ciclo anual de desenvolvimento, a oliveira passa pelas seguintes fases (Farouk, 2011):

❖ janeiro, fevereiro: indução, iniciação e diferenciação floral.

❖ Em março: crescimento e desenvolvimento das inflorescências nas axilas das folhas dos rebentos do ano anterior.

❖ Meados de abril: plena floração.

❖ Final de abril-início de maio: Fertilização e frutificação.

❖ junho: Os frutos começam a desenvolver-se e a crescer.

❖ setembro: veraison.

❖ outubro: Amadurecimento do fruto e enriquecimento com óleo.

❖ Meados de novembro a janeiro: colheita de frutos.

O período mais intenso do ciclo anual vai de março a junho. Durante esta fase, as necessidades de água e de nutrientes da árvore são mais elevadas.

I.4. Exigências edafoclimáticas da cultura

I.4.1. Requisitos climáticos

A oliveira pode suportar temperaturas de -8 a -10°C no inverno e de 40°C no verão, mas estas condições extremas têm um impacto negativo na floração e na frutificação da árvore. As temperaturas desempenham um papel determinante na floração desta espécie, que forma os seus botões florais no final do inverno, uma vez que a oliveira precisa de estar exposta ao sol durante cerca de dez semanas para formar os seus botões florais. A luz é também um fator limitante, pois uma iluminação insuficiente afecta a frutificação e favorece o desenvolvimento de agentes patogénicos (Boulouha et al., 2006, M.A.D.E.R., 2003).

I.4.2. Requisitos do solo

A oliveira é uma árvore resistente que se desenvolve em diferentes tipos d e solo, mas prefere solos profundos, permeáveis, ricos e equilibrados (Boulouha et al., 2006; M.A.D.E.R., 2003). Os ventos são prejudiciais devido à sua ação mecânica, que pode s e r mais percetível durante a floração e quando o fruto está próximo da maturação (C.O.I. l'olivier l'huile l'olive). Além disso, a árvore tolera uma boa margem de pH, desde que este não seja inferior a 6,5 para evitar a libertação de iões de magnésio ou de alumínio tóxicos para a planta. Além disso, a um pH elevado (>8,3), o fósforo e o ferro têm tendência a tornar-se insolúveis (C.O.I., 2007).

I.5. Importância socioeconómica da oliveira em Marrocos

O sector olivícola contribui com 5% para o PIB agrícola nacional. Com uma superfície de mais de um milhão de hectares, as explorações olivícolas do país produzem cerca de 1 500 000 toneladas de azeitona. O país produz também 160 000 toneladas de azeite e 90 000 toneladas de azeitonas de mesa. Em termos de exportação, 17.000 toneladas de azeite e 64.000 toneladas de azeitonas de mesa são vendidas nos mercados internacionais (MAPM, 2013). As oliveiras são cultivadas em 784.000 hectares de terra, cobrindo todo o país, exceto a faixa costeira atlântica (MAPM, 2006). O sector da olivicultura é uma atividade agrícola importante, gerando mais de 15 milhões de dias de trabalho por ano. Este sector contribui significativamente para o rendimento de uma grande franja de agricultores pobres, desempenhando também um papel fundamental na alimentação das populações rurais (MADRPM, 2008).

II. Irrigação de oliveiras

II.1. Métodos de irrigação

A rega é a operação que consiste em fornecer artificialmente água às plantas cultivadas para aumentar a produção e permitir o seu desenvolvimento normal em caso de défice hídrico provocado pela precipitação, drenagem excessiva ou descida do nível freático, nomeadamente em zonas áridas (Loussert e Ferrak,

2011).Os métodos de rega utilizados na olivicultura incluem a rega por gravidade e a rega localizada.

II.1.1.Irrigação por gravidade ou gota a gota

Consiste em distribuir a água sobre a parcela cultivada por escoamento sobre o solo nos sulcos ou por submersão controlada. Continua a ser o método de irrigação mais difundido no mundo. Em Marrocos, estima-se que mais de 93% da superfície dos grandes sistemas hidráulicos são irrigados com uma técnica tradicional chamada "Robta" (Azouggagh, 2001). Este tipo de irrigação não é muito eficiente porque desperdiça muita água através da evaporação e limita a frequência ou a duração do período de irrigação devido às doses elevadas necessárias. No entanto, estes métodos oferecem a vantagem de um baixo investimento em equipamento e não são muito dispendiosos (Azouggagh, 2001). Este facto pode explicar a razão pela qual são tão amplamente utilizados na olivicultura.

II.1.2.Irrigação localizada (rega gota a gota)

A rega gota a gota é o método de rega localizada mais utilizado. Tem tido um crescimento considerável desde o final do século $XX^{\text{ème}}$ graças à poupança de água que permite (30% em comparação com a rega por aspersão convencional) (Lamine, 1993).Dadas as suas vantagens, a rega localizada é uma técnica sofisticada e de elevado desempenho, cuja aplicação é geralmente indicada para pomares intensivos em zonas áridas e semi-áridas (Filali, 2010).Este método de rega pode ser descrito como a aplicação frequente de água em doses muito baixas. Consiste em transportar água filtrada e tratada, que pode ser enriquecida com elementos fertilizantes, através de um sistema de canos e tubos, muitas vezes de plástico (PVC e PE), desde a fonte até às proximidades da planta. A eficácia é notável, pois a solução do solo junto das raízes é mais concentrada, o que se traduz num rendimento mais elevado, devido a uma maior eficácia da transpiração. Esta água é aplicada na zona radicular através de um dispositivo chamado gotejador, especialmente concebido para descarregar água a caudais muito baixos, da ordem de alguns litros por hora, a baixas pressões (cerca de um bar). Neste método de irrigação, o volume de água armazenado no solo não é tido em conta (Filali, 2010).

As vantagens desta técnica incluem

❖ Grande economia de água: os pomares jovens irrigados por gotejamento não utilizam mais de metade do que é normalmente consumido quando são irrigados com um sistema de aspersão convencional. aspersão ou gravidade. A técnica deve esta poupança à eficácia da rede, à ausência de perdas por percolação e escorrimento, e à redução das perdas por evaporação e infestantes.

❖ Poupa energia e dinheiro graças à redução da necessidade de mão de obra.

❖ Extremamente fácil de gerir: o solo é apenas parcialmente molhado, o que permite um acesso fácil ao campo para outras técnicas de cultivo. Os fertilizantes podem assim ser injetados diretamente na zona radicular com maior precisão e eficácia (Filali, 2010).

Tem havido um certo interesse na conversão da irrigação por gravidade para a irrigação localizada em Marrocos. Em 2006, os agricultores equiparam cerca de 141.000 ha com irrigação localizada, ou seja, 9,7% da área total desenvolvida (Bekkar et al., 2007).

II.2. Necessidades hídricas das oliveiras

A oliveira é uma espécie relativamente resistente ao stress hídrico. Esta planta caracteriza-se por uma série de adaptações anatómicas e mecanismos fisiológicos que lhe permitem preservar as suas funções vitais, mesmo em condições muito severas. Estudo da determinação das necessidades hídricas da oliveira com base no valor ETP nas regiões olivícolas. Este valor pode ser estimado através de várias fórmulas. No decurso de várias experiências, verificou-se que a cultura da oliveira podia consumir quase 100% do ETP (Vernet e Mousset, 1963). Estes autores chegaram também a valores muito elevados de ETM durante o inverno (80%). As necessidades hídricas das oliveiras num ambiente semi-árido foram estimadas em 65% da evapotranspiração potencial (ETP) (Boulouha et al. 2006). Estas necessidades são avaliadas com base na evapotranspiração real (AET= ETP x Kc). A evapotranspiração potencial é a capacidade de evaporação da atmosfera no solo com cobertura vegetal que tem uma abundância de água. O coeficiente de cultura (Kc) deve ser determinado experimentalmente e varia de região para região (Orgaz e Fereres, 2007). Na região de Haouz, o Kc situa-se entre 0,6 (entre setembro e maio) e 0,7 (entre junho e agosto) (ORMVAH, 2005).Para saber exatamente a quantidade de água que cada oliveira deve receber, é necessário basear-se nos dados seguintes:

• Evapotranspiração E_0 Dados das estações meteorológicas (tendo em conta a temperatura, a radiação, a velocidade e a direção do vento).

• Precipitação.

• Os diâmetros da copa das árvores (D1 e D2) foram medidos com uma régua graduada.

• Densidade de plantação.

A evapotranspiração da cultura (ETc) pode, portanto, ser expressa pela seguinte fórmula (Orgaz e Fereres, 2007):

ETc = ((ET₀ x Kc x Kr) / ER)-PE

Kc: 0,6 ou 0,7 consoante a estação do ano

RE: eficiência da rede

PE: precipitação efectiva

Kr: (coeficiente de redução) determinado pela fórmula de Fereres et al. (1981, 1984, 1996) Kr= 2 (Sc /100)

Sc (superfície ocupada pelas oliveiras) = (rc × D2 ×N) /400

D: diâmetro médio da folhagem

N: densidade de plantas

III. O stress hídrico e o seu efeito nas plantas

III.1. Informações gerais sobre o stress hídrico

Atualmente, a seca é considerada um stress com grande impacto nas plantas cultivadas. Já no início dos anos 80, Christiansen (1982) estimava que quase metade das terras disponíveis para a agricultura estavam ameaçadas pela falta de água de boa qualidade. Do mesmo modo, Bray (1997) referiu que 40% a 60% das terras agrícolas estão expostas à seca. Podemos falar de stress hídrico quando há um excesso de água (inundações que provocam asfixia) e quando há falta de água (William e Charles-Marie, 2003). Um défice hídrico ocorre quando a quantidade de água transpirada pelas folhas é superior à quantidade de água absorvida pelas raízes (Trossat, 2005).

III.2. Efeito na condutância estomática

A regulação estomática é um ponto crucial, determinando não só o fluxo de transpiração, mas também a fotossíntese e o fluxo de assimilados para as várias partes da planta. A condutância estomática indica a taxa de transpiração da folha. Durante um défice hídrico, a condutância estomática diminui (Kotchi, 2004).

III.3 Efeito no crescimento dos frutos

Aggabio (1974) mostra que, embora as curvas de crescimento sejam as mesmas que no cultivo em sequeiro, o tamanho final do fruto é maior. Baldini e Pisani (1963) consideram que a irrigação tardia condiciona o tamanho final do fruto, sendo por isso recomendada para variedades de mesa.

IV. Mecanismos de tolerância ao stress hídrico nas plantas

IV.1. Adaptações bioquímicas

IV.1.1. Acumulação de açúcares solúveis

Os hidratos de carbono são importantes fontes de reserva nas plantas (Binzel et al., 1987). Em condições de stress ambiental, estes compostos actuam como efectores osmóticos para manter um potencial osmótico adequado e também como moléculas protectoras das estruturas membranares e das proteínas contra a desidratação (Hoekstra et al., 2001; Mckersie e Leshan, 1994). Além disso, foi registada uma acumulação significativa de açúcares solúveis em várias espécies na presença de stress hídrico, como a soja (De Ronde et al., 2004; Muller et al.,

1996).

IV.1.2. Acumulação de prolina

A acumulação de prolina está relacionada com o ajustamento osmótico durante um défice hídrico (Ashraf e Harris, 2004). Em plantas sob stress, Kemple e Mac Pherson (1954), Barnett e Naylor (1966) e Hubac e Chouard (1973), em Nemmar, (1983) mostram um aumento da concentração de prolina e notam que esta acumulação é uma consequência direta do défice hídrico. Hubac (1967) e Le Saint (1969) mostram que a prolina exógena aplicada às plântulas aumenta a sua resistência à seca.

IV.1.3. Síntese proteica

As condições de seca acarretam alterações quantitativas e qualitativas nas proteínas das plantas (Seyed et al., 2012).A indução de proteínas pelo défice hídrico depende do estádio de desenvolvimento do órgão em questão e do genótipo (Riccardi et al., 1998; Vincent et al., 2005).Globalmente, os estudos já realizados mostram que a resistência ao défice hídrico nas plantas é um fenómeno altamente complexo, com uma cascata de reações que envolvem um número muito grande de genes e produtos génicos.

CAPÍTULO II
MATERIAIS E MÉTODOS

I. Apresentação do sítio experimental

Este estudo foi realizado no campo da propriedade experimental de Saâda do Institut National de la Recherche Agronomique, situada a 7 km a oeste da cidade de Marraquexe, numa zona agro-ecológica a uma altitude de cerca de 468 m. O ensaio foi realizado num solo franco-argiloso, com temperaturas médias anuais máximas e mínimas de 28,7°C e 13,5°C, respetivamente, e uma precipitação total anual de 226,54 mm. Para além da água da chuva, o sítio de Sâada dispõe de água proveniente de uma barragem (caudal de 30 l/s) e de dois furos de 150 m de profundidade. A irrigação é atualmente assegurada por furos.

II. Material vegetal e montagem experimental

Este estudo incidiu sobre oliveiras jovens da variedade "Menara" plantadas em dezembro de 2010 no Domaine Expérimental de Saada. O ensaio foi efectuado em duas parcelas (Figura 1). Na primeira parcela, o sistema é baseado em blocos completos aleatórios. Cada bloco tem duas doses de irrigação: uma dose (T1) correspondente a 100% da ETc e uma dose deficitária (T2) correspondente a 70% da ETc. Na segunda parcela, a irrigação é feita por gravidade com um regime (T3) correspondente aos insumos utilizados pelos agricultores da região.

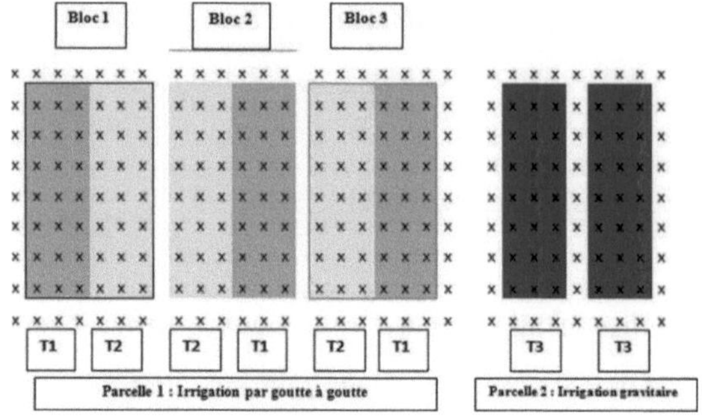

Figura 1: plano de ensaio de irrigação numa nova plantação de oliveiras

x : Árvore

T1: Árvores irrigadas por gotejamento (100% ETC): 190 mm T2: Árvores irrigadas por gotejamento (70% ETC): 133 mm

T3: Árvores irrigadas pelo sistema de gravidade utilizado pelos agricultores: 675 mm

Cada cor delimita as árvores em cada regime hídrico estudado, com o resto das árvores a representar as margens.

Figura 2: Fotografia do ensaio

III. Avaliação do ensaio

III.1. Parâmetros agronómicos

III.1.1. Vigor

O vigor foi estudado em todas as árvores (168 árvores). As medições efectuadas foram :

► Altura total (Ht)
► A altura da folhagem (H)
► O diâmetro máximo da folhagem (D1)
► Diâmetro mínimo da copa das árvores (D2)
► O perímetro do tronco: medido a 10 cm do solo (P)

III.1.2. Frutificação

No final de junho, que corresponde à fase de frutificação, contámos o número de árvores que tinham frutificado para cada regime hídrico, de modo a podermos determinar a percentagem de árvores frutificadas por regime hídrico.

III.2. Parâmetros fisiológicos e bioquímicos

III.2.1. Défice de saturação hídrica (HSD)

Os tecidos vegetais encontram-se frequentemente em estado de défice hídrico e o DSH permite avaliar este estado (Coudret, 1981). Para determinar este parâmetro, foram recolhidos lotes de folhas e o seu peso fresco (fw) foi determinado. Em seguida, as folhas foram mergulhadas em água destilada durante 12 horas à temperatura ambiente para atingir a saturação de água. As folhas foram então limpas com papel absorvente e o seu peso fresco saturado (PFsat) foi determinado. Em seguida, foram secas durante 24 horas a 80°C e o seu peso seco (MS) foi determinado. O DSH é definido da seguinte forma:

DSH % = ((PFsat- PF) / (PFsat -PS))*100)

III.2.2. Permeabilidade da membrana

O efeito do regime de irrigação na permeabilidade da membrana foi avaliado pela percentagem de perda de electrólitos (Lutts et al., 1996). As folhas foram lavadas várias vezes com água destilada e colocadas em frascos contendo 10 ml de água destilada. As condutividades eléctricas ($C1$) das soluções foram então determinadas utilizando um medidor de condutividade Hanna HI 8733 após incubação durante 24 horas a 25°C com agitação a 100 rpm. Uma segunda condutividade (C_2) das amostras foi determinada após autoclavagem a 120°C durante 20 min, seguida de agitação durante 30 min a 25°C. A percentagem de perda de eletrólito foi expressa como a razão entre C_1 e C_2

Perda de eletrólito (%) = (C /C_{12})*100)

III.2.3. Condutância estomática

A condutância estomática indica a taxa de transpiração da folha, que é um parâmetro ligado ao estado hídrico da planta, uma vez que assinala a abertura ou o fecho dos estomas. O efeito do regime de irrigação sobre a condutância estomática foi avaliado nas folhas maduras com um porómetro de folhas. Foram efectuadas 3 repetições por árvore.

III.2.4. Determinação dos açúcares solúveis

Os hidratos de carbono são desidratados em ácido sulfúrico a altas temperaturas para formar derivados de furfural, que se combinam facilmente com fenol para dar uma cor rosa-salmão. O etanol pode ser substituído por MCF para extração utilizando o método AOAC (Association of Official Analytical Chemists) modificado por Nguyen e Paquin (1971). Homogeneizar 0,5 g de folhas com 5 ml de etanol a 95%. A fase superior do filtrado foi separada e o sedimento foi lavado duas vezes com 5 ml de etanol a 70% e a fase superior foi adicionada à anterior. A mistura foi centrifugada a 3500 g durante 10 minutos a 4°C e o sobrenadante do extrato alcoólico obtido foi recuperado e armazenado num frigorífico a 4°C durante a noite, tal como para a extração com MCF (Paquin e Lechasseur, 1979). O etanol tem a vantagem, em relação ao MCF, de permitir a determinação de açúcares, ácidos orgânicos e outros compostos solúveis no mesmo extrato. Um décimo de ml do extrato alcoólico foi misturado com 3 ml de antrona (150 mg de antrona, 100 ml de ácido sulfúrico a 72% v/v). As amostras foram colocadas num banho de água a ferver durante 10 minutos. A densidade ótica das amostras foi avaliada a 625 nm com um espetrofotómetro. O teor de açúcares solúveis foi determinado utilizando a gama padrão de glucose e expresso em mg g^{-1} de folha DW.

Preparação da gama padrão :

As diferentes concentrações são preparadas a partir de uma solução de reserva de glucose 0,2 g/l (quadro 2):

Quadro 2: Preparação da gama de padrões para a determinação dos açúcares solúveis

Concentração de glucose	0 µg/ml	20 µg/ml	40 µg/ml	60 µg/ml	80 µg/ml
Água destilada (ml)	10	9	8	7	6
Solução-mãe de glucose (ml)	0	1	2	3	4
Antrona	3ml				
Ebulição a 85°C (ml) durante 10 min					

III.2.5. Ensaio de prolina

A extração é efectuada segundo o método AOAC, tal como para os açúcares solúveis. Utilizando o método modificado de Singh et al (1973), pipeta-se uma alíquota de 0,2 a 1 ml da fase superior, consoante a concentração de prolina. Para evitar tocar na fase inferior, adicionam-se 5 ml de água, seguidos, após agitação, de 2,5 ml de ninidrina (0,125 g em 2 ml de $H_3 PO_4$ 6M mais 3 ml de ácido acético glacial) e 2,5 ml de ácido acético glacial. Após agitação, aquecer num banho de água a 100°C durante 45 minutos. A mistura foi arrefecida e adicionou-se 1 ml de tolueno. O complexo prolina-ninidrina formado foi extraído por adição de 1 ml de tolueno aos tubos após arrefecimento. Após agitação, deixou-se repousar durante 30 minutos. A densidade ótica da fase superior foi medida com um espetrofotómetro a 520 nm. A concentração do teor de prolina foi determinada utilizando uma gama padrão efectuada nas mesmas condições a partir de diferentes concentrações de prolina.

Preparação da gama padrão :

A partir da solução-mãe de prolina (100mg/l), foi preparada uma solução-filha de 20µg/ml suspendendo 100ml da solução-mãe em 400ml de água destilada. Foi efectuada uma série de diluições de 15, 10 e 5µg/l a partir da solução filha de prolina (Quadro 4).

Quadro 4: Preparação da gama de padrões para o ensaio da prolina.

Concentração de prolina	0 µg/ml	5 µg/ml	10 µg/ml	15 µg/ml	20 µg/ml
Água destilada (ml)	10	7,5	5	5	0
Solução filha de prolina (ml)	0	2,5	5	7,5	10
Ninidrina	2,5 ml				
Solução de ácido acético (ml)	2,5 ml				
Ebulição a 85°C (ml) durante 45 min					

III.2.6. Ensaio de proteínas

As proteínas foram analisadas segundo o método de Bradford (1976). Trata-se de um ensaio colorimétrico, baseado na alteração da absorvância, manifestada pela mudança de cor do Coomassie Blue G250 após ligação com os aminoácidos aromáticos (triptofano, tirosina e fenilalanina) e os resíduos de aminoácidos hidrofóbicos presentes na(s) proteína(s). A extração é feita por trituração a frio de 100 mg (MF) em 4 ml de tampão Tris-HCl 0,1 M a pH 7,5. O material triturado foi então centrifugado a 16.000 g durante 15 minutos. O sobrenadante foi recuperado e o sedimento transferido para 2 ml de tampão e centrifugado. Os dois sobrenadantes foram misturados e utilizados para a determinação das proteínas solúveis. Colocaram-se 2 ml de extrato diluído em tubos e adicionaram-se 2 ml de reagente de Bradford. Após agitação seguida de um repouso de 4 minutos à temperatura ambiente, a densidade A densidade ótica (DO) foi medida a 595 nm. Os níveis de proteínas foram determinados utilizando uma gama padrão estabelecida por soluções de albumina de soro bovino (BSA).

Preparação da gama padrão

Solução-mãe de SAB (**albumina de soro bovino**) (10mg/100ml) (quadro 3)

Tabela 3: Preparação da gama de padrões para o ensaio de proteínas

SAB µg/ml	5	10	20	30	40
Solução de reserva	0.5	1	2	3	4
Água destilada	9.5	9	8	7	6
Reagente para Bradford	2ml				
	Repouso durante 4 minutos e densidade ótica a 595nm				

III.2.7. Teor de clorofila

A clorofila foi extraída segundo o método de Arnon (1949), triturando 100 mg de material fresco na presença de 2,5 ml de acetona a 80%. Após centrifugação (10min, 5000×g), a densidade ótica foi medida com um espetrofotómetro a 663 e 645 nm. O teor de clorofila foi determinado utilizando a seguinte fórmula:

Chl (a + b) = 8,02 (DO a 663) + 20,20 (DO a 645) mg.ml^{-1}

IV. Análise estatística

As análises estatísticas foram efectuadas com recurso ao software SPSS versão 10, utilizando o teste ANOVA e o teste SNK (Student-Newman-Keuls) para determinar grupos homogéneos quando o efeito dos tratamentos estudados era significativo.

CAPÍTULO III
RESULTADOS E DISCUSSÃO

I. Efeito do regime de irrigação nos parâmetros agronómicos

I.1. Efeito no vigor das oliveiras jovens

I.1.1. Efeito na altura total e na altura da copa

A figura 3 mostra o efeito do regime de rega na altura das oliveiras jovens.

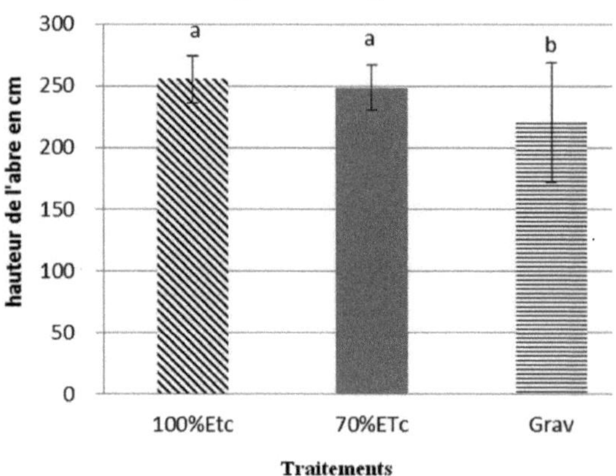

Figura 3: Efeito do regime hídrico na altura das oliveiras jovens

A altura média das árvores variou em função do regime de irrigação. Esta variação foi muito significativa (P<0,001 a 2 ddl) (Tabela 1, Anexo). O teste SNK (Anexo Tabela 10) classificou os tratamentos estudados em dois grupos homogéneos, o primeiro grupo constituído pelos dois regimes T1 (100% ETc) e T2 (70% ETc) e o segundo grupo constituído pelo tratamento T3 (PA). Por conseguinte, não se registaram diferenças significativas entre os dois tratamentos (T1 e T2). Os dois últimos diferiram significativamente do

24

tratamento T3 (PA). Estas reduções de crescimento ligadas ao regime hídrico estão associadas a uma diminuição do alongamento celular (Bhatt e Srinivasa, 2005). Sob stress hídrico, o alongamento celular nas plantas pode ser inibido pela interrupção do fluxo de água do xilema para as células em alongamento (Nonami, 1998). Do mesmo modo, o stress hídrico reduz a fotoassimilação e os metabolitos necessários para a divisão celular. Como resultado, a mitose é reduzida, assim como o alongamento e a expansão celular, levando a um crescimento reduzido (Farooq et al., 2009).

I.1.2. Efeitos nos diâmetros médios das árvores

A figura 4 mostra que o diâmetro médio das árvores variou em função do regime de rega. A análise de variância mostrou um efeito altamente significativo dos tratamentos de irrigação (P<0,001 a 2 dll) (Tabela 2).

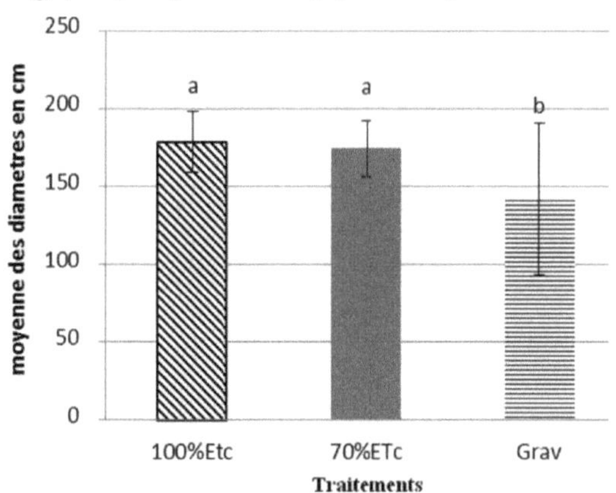

Figura 4: Efeito do regime hídrico no diâmetro das oliveiras jovens

O teste SNK (Quadro 11) classificou os tratamentos estudados em dois grupos homogéneos, sendo o primeiro grupo constituído pelos dois regimes T1 (100% ETc) e T2 (70% ETc) e o segundo grupo constituído pelo tratamento gravítico

T3 (PA). Verificámos que o tratamento T1 (100% ETc) foi o que registou a maior taxa de crescimento em diâmetro médio (178,5m), seguido do tratamento T2 (70% ETc) (174,3m) e finalmente do tratamento T3 (PA) (142m). Por conseguinte, não se registaram diferenças significativas entre os dois tratamentos (100% ETc e 70% ETc). Os dois últimos tratamentos diferiram significativamente do tratamento PA. Esta redução do diâmetro das árvores sob a influência do stress hídrico foi referida por (Fereres, 1984).

I.1.3. Efeitos no perímetro dos troncos das árvores

Os perímetros dos troncos das árvores em função do regime de rega são apresentados na Figura 5.

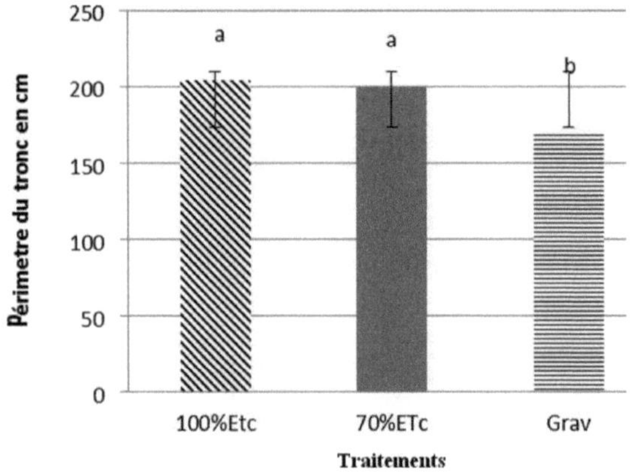

Figura 5: Efeito do regime hídrico no perímetro do tronco das oliveiras jovens

Este parâmetro variou em função dos tratamentos de rega estudados. As variações observadas entre os diferentes tratamentos foram consideradas altamente significativas pela análise de variância (P<0,001 a 2ddl) (Quadro 3), sendo que os valores mais elevados para a área de secção transversal do tronco foram obtidos pelo tratamento T1 (100% ETc). A comparação múltipla das médias pelo método SNK (quadro 12 em anexo) classificou os tratamentos estudados em dois grupos homogéneos. Os dois regimes 100% ETc e 70% ETc formaram um único grupo homogéneo, enquanto o regime PA formou o outro grupo. Consequentemente, o efeito destes dois regimes de irrigação sobre a taxa de crescimento da área da secção do tronco é idêntico. Esta redução está de acordo com a literatura, que refere uma redução significativa na expansão do crescimento do tronco devido principalmente a uma influência negativa da restrição hídrica nos processos fisiológicos e bioquímicos das árvores jovens (Ennajah, 2006).

I.2. Efeitos na frutificação das árvores

A figura 6 mostra a taxa e a extensão da frutificação obtida para cada tratamento.

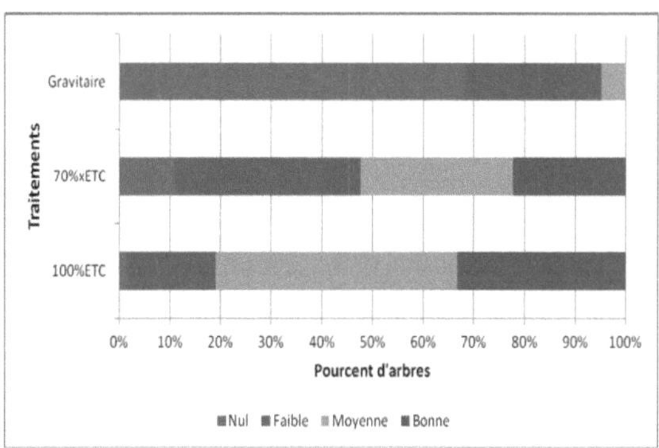

Figura 6: Taxa e extensão da frutificação das oliveiras jovens obtidas para cada tratamento.

Sob o regime T3 (PA), apenas 32% das árvores produziram frutos, em comparação com 98% e 89% para os tratamentos T1 (100%ETc) e T2 (70%ETc), respetivamente. Além disso, 33% e 22% das árvores produziram bons frutos nos regimes T1 (100%ETc) e T2 (70%ETc), respetivamente. No regime T3 (PA), a frutificação foi apenas média em 5% das árvores e fraca em

27% das árvores. Isto pode ser explicado pelo facto de a irrigação deficitária T2 (70%ETc) não induzir um stress hídrico severo nas oliveiras jovens em comparação com o tratamento T3 (PA).

II. Efeitos do regime de rega nos parâmetros fisiológicos.

II.1. Efeito no défice de saturação hídrica (HSD)

Os valores médios de DSH das folhas mais altas foram obtidos com o regime de rega por gravidade, enquanto os valores mínimos deste parâmetro são representados pelo regime de 100% ETC (Figura 7). Estas diferenças entre os três tratamentos revelaram-se significativas através da análise de variância. (Tabela 5 em anexo)

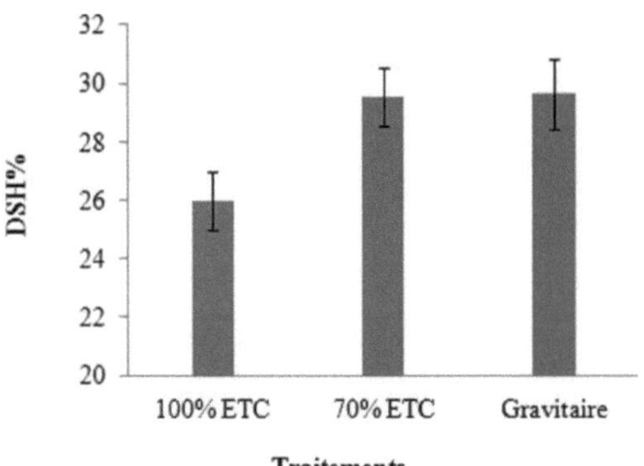

Figura 7: Efeito do regime hídrico no défice de saturação hídrica (HSD) das folhas jovens da oliveira

Os valores do défice de saturação hídrica são complementares aos valores do teor relativo de água. A diferença significativa entre estes dois tratamentos e o tratamento PA pode ser explicada pela exposição das árvores jovens ao stress hídrico. Kasraoui et al (2004) mostraram que o estado hídrico das oliveiras é

28

afetado pelo nível de restrição hídrica.

II.2 Efeito na perda de electrólitos

Os dados da figura 8 mostram que o regime de rega tem um efeito muito significativo (P<0,001) na perda de electrólitos em oliveiras jovens. Os valores mais baixos deste parâmetro foram registados sob rega a 100% ETC (10,98%) e os valores mais altos foram registados sob rega por gravidade (20,55%). Por outro lado, sob 70% de irrigação ETC, a perda de electrólitos foi de 11,64%.

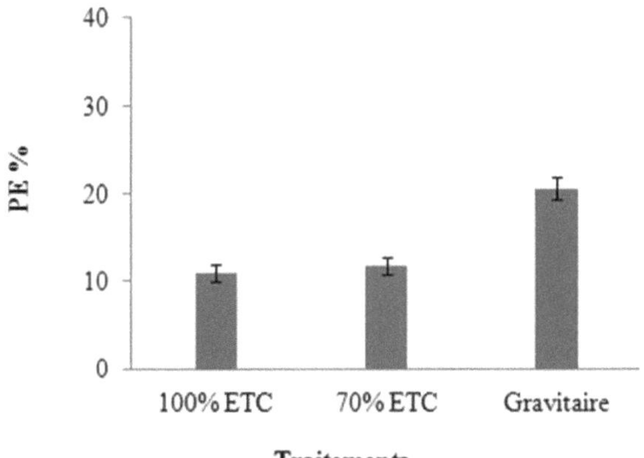

Figura 8: Efeito do regime hídrico na perda de electrólitos das folhas de oliveiras jovens

O aumento da perda de electrólitos indica a desestabilização das membranas celulares. Foram registados resultados semelhantes na luzerna (Farissi et al., 2013).

II.3. Efeito na condutância estomática

Os valores da condutância estomática medidos ao nível das folhas das oliveiras jovens são apresentados na figura 9.

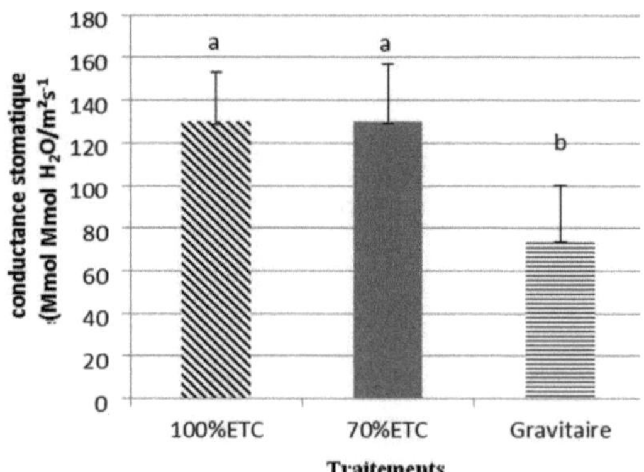

Figura 9: Efeito do regime hídrico na condutância estomática em oliveiras jovens

Este parâmetro variou de acordo com os tratamentos estudados, e a análise de variância mostrou uma alta diferença significativa entre os 3 tratamentos ($P<0,001$ aos 2 ddl) (tabela 4, anexo).O tratamento T3 (PA) induziu os menores valores de condutância estomática (75 mmol de H_2 O/m².s) e o maior valor deste parâmetro foi obtido p e l o tratamento T2 (70% ETc) (130 mmol de H_2 O/m².s). A comparação múltipla de médias pelo método SNK (tabela 13 em anexo) classificou os tratamentos estudados em dois grupos homogéneos. Os dois regimes T3 (100% ETc) e T2 (70% ETc) formaram um único grupo homogéneo, enquanto o regime T3 (PA) formou o outro grupo. Consequentemente, o efeito destes dois regimes de irrigação na condutância estomática foi idêntico. Os baixos valores de condutância estomática obtidos no tratamento T3 (PA) podem ser explicados pelo facto de as árvores jovens sujeitas a este regime de irrigação estarem expostas a um défice hídrico em comparação com os outros dois tratamentos. Resultados semelhantes foram relatados por (Fernández et al., 1997) para a variedade Manzanille sob irrigação deficitária. Os estomas fecham-se geralmente quando uma planta é submetida a um stress hídrico, a fim de reduzir a transpiração e melhorar o estado hídrico dos seus tecidos.

II.4. Efeito no teor de açúcar solúvel nas folhas

A figura 10 mostra que o teor de açúcares solúveis varia em função do regime hídrico. Estas diferenças são muito significativas entre os três tratamentos estudados (P<0,001 a 2 dll) (quadro 6 anexo).

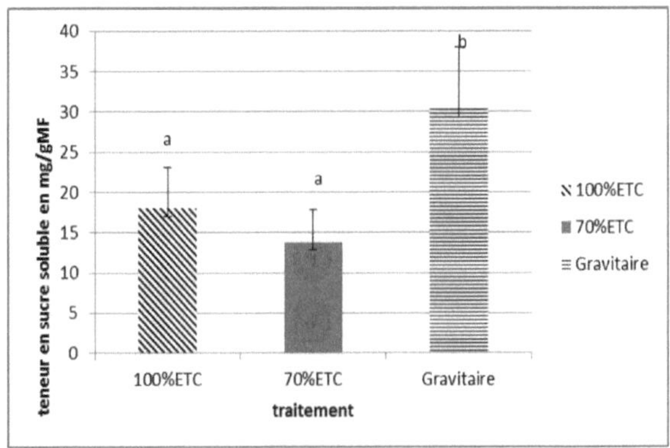

Figura 10: Efeito do regime hídrico no teor de açúcares solúveis nas folhas de oliveiras jovens

Os menores teores de açúcares solúveis foram observados nas árvores jovens submetidas ao tratamento T2 (70% ETc), enquanto os maiores teores foram encontrados nas árvores submetidas ao tratamento T3 (PA). O teste SNK (Anexo Quadro 15) classificou os tratamentos estudados em dois grupos homogéneos. O primeiro grupo inclui os tratamentos T3 (100%ETc) e T2 (70%ETc), e o segundo grupo inclui o tratamento T3 (PA). A elevada acumulação de açúcares solúveis observada nas árvores jovens deste último

31

tratamento pode ser um indicador do stress hídrico induzido pelo sistema de irrigação por gravidade utilizado pelos agricultores. De facto, os açúcares estão entre os osmólitos importantes que contribuem para o ajustamento osmótico das plantas durante um défice hídrico ou salino (Ashraf e Harris, 2004).

II.5. Efeito no teor de prolina nas folhas

A análise de variância mostrou um efeito altamente significativo dos tratamentos de irrigação na acumulação de prolina nas folhas (P<0,001 2 ddl) (tabela 7 apêndice). O exame da figura 11 mostrou que o regime de irrigação T3 (PA) causou acúmulo de prolina nas folhas.

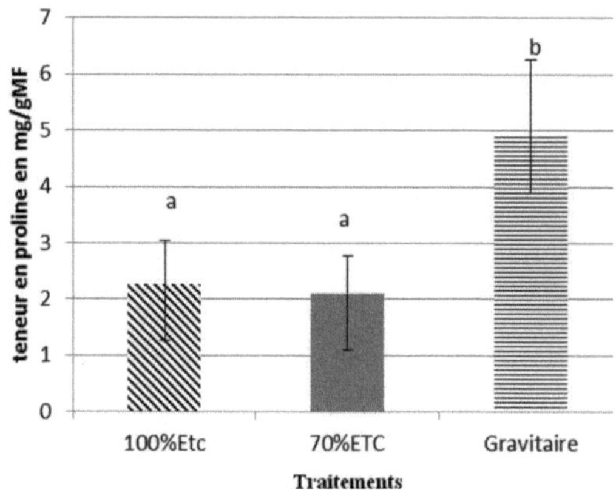

Figura 11: Efeito do regime hídrico na acumulação de prolina nas folhas de oliveiras jovens

O teste SNK (Anexo Tabela 16) classificou os tratamentos estudados em dois grupos homogéneos. O facto de os dois regimes T1 (100% ETc) e T2 (70% ETc) pertencerem ao mesmo grupo homogéneo mostra que o comportamento destes dois regimes em relação a esta restrição hídrica foi idêntico. Consequentemente, a poupança de água de rega no tratamento T2 (70% ETc) não induziu stress hídrico nas oliveiras jovens. A acumulação de prolina é conhecida como um dos mecanismos mais notáveis do stress hídrico. Este aminoácido actua como um osmótico cuja acumulação citoplasmática diminui o potencial hídrico, aumentando assim o gradiente de entrada de água e mantendo a turgescência (Monneveux e This, 1997), o que também foi observado nas oliveiras (Chartzoulakis et al., 1999; Dichio et al., 2005).

II.6. Efeito no teor de proteínas das folhas

Os resultados apresentados na Figura 12 mostram que o efeito do défice hídrico provocou uma variação muito significativa entre os tratamentos de irrigação em termos de teor de proteínas foliares (Quadro 9 do Apêndice).

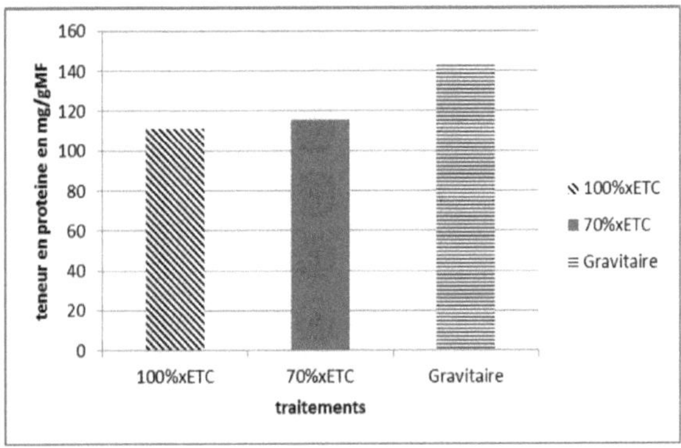

Figura 12: Efeito do regime hídrico no teor de proteínas das folhas jovens da oliveira

O teste SNK (quadro 18 em anexo) classificou os tratamentos estudados em dois grupos homogéneos. Os dois regimes T1 (100%) e T2 (70% ETc) pertencem ao mesmo grupo homogéneo. Isto mostra que não existem diferenças significativas entre estes tratamentos. Durante um défice hídrico, o teor de proteínas da oliveira aumenta, e várias proteínas podem ser indicativas de falta de água, como a desidrina (Galau et close, 1992).

II.7. Efeito no teor de clorofila das folhas

A Figura 13 mostra o efeito do regime hídrico na acumulação de clorofila nas folhas de oliveira. Esta acumulação de clorofila apresenta variações significativas consoante os tratamentos de rega. A análise de variância mostrou um alto nível de diferença significativa entre os tratamentos (Tabela 8 do Apêndice). O tratamento T3 (PA) provocou uma diminuição dos pigmentos de clorofila nas folhas. Os maiores teores foram encontrados nas árvores submetidas ao tratamento T1 (100% ETc).

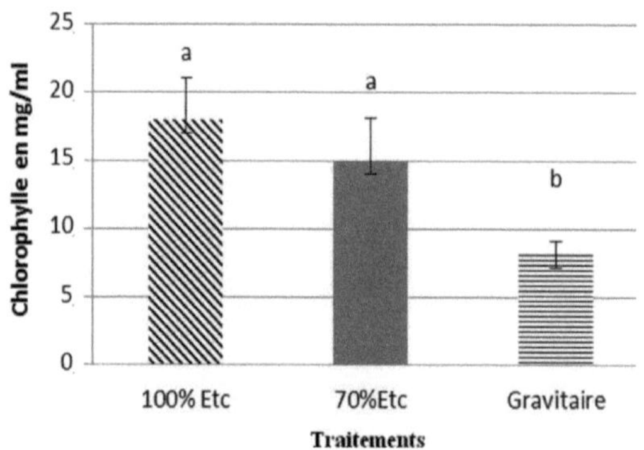

Figura 13: Efeito do regime hídrico no teor de clorofila das folhas das oliveiras jovens.

Dois grupos homogéneos foram identificados pelo teste SNK (Tabela 17, Apêndice). Os dois tratamentos T1 (100% ETc) e T3 (70% ETc) constituem o mesmo grupo, o que mostra que estes dois regimes de rega se comportam de forma idêntica em relação a esta restrição hídrica. A diminuição do teor de clorofila observada no tratamento T3 (PA) indica que este regime de rega expõe as oliveiras jovens ao stress hídrico. De acordo com Pham Thi et al (1985), o défice hídrico leva a uma redução da concentração de pigmentos de clorofila na planta. Este fenómeno pode ser interpretado quer como a degradação dos pigmentos por enzimas hidrolíticas, quer como a inativação da biossíntese destes pigmentos.

CONCLUSÃO

O estudo do efeito do regime de irrigação sobre os parâmetros agro-fisiológicos de oliveiras jovens (variedade Menara) foi efectuado na Estação Experimental do INRA Saada. Para os parâmetros agronómicos, o regime de irrigação T3 induziu efeitos depressivos em todos os parâmetros de vigor estudados, em comparação com os tratamentos T3, que induziram os valores mais elevados para estes parâmetros. Em contrapartida, a rega deficitária do T2 (70%ETc) não induziu reduções significativas destes parâmetros em relação ao tratamento T1. Quanto aos parâmetros fisiológicos, o regime de rega T3 induziu uma diminuição do teor relativo de água, da condutância estomática e da clorofila, e um aumento do teor de açúcares solúveis, de proteínas e de prolina nas folhas. Isto em comparação com a dieta normal T1 (100%ETc). Por outro lado, os resultados dos parâmetros fisiológicos obtidos pela irrigação deficitária T2 (70% ETc) não foram significativamente diferentes dos registados pelo regime de irrigação T1 (100% ETc). Consequentemente, a rega por gravidade, tal como praticada pelos agricultores, não responde à necessidade de poupar água, cada vez mais escassa devido às alterações climáticas, nem assegura uma utilização eficiente das oliveiras jovens. Por outro lado, a rega deficitária T2 (70%ETc) permite poupar água sem afetar negativamente os parâmetros agro-fisiológicos das oliveiras jovens. Consequentemente, este regime de rega deve ser recomendado para substituir o regime de rega por gravidade em zonas áridas.

PERSPECTIVAS

Como em qualquer trabalho científico, os resultados obtidos abrem caminho a várias perspectivas. As linhas de investigação propostas para completar o estudo da deficiência de rega no olival são as seguintes

► Estudar o impacto da irrigação deficiente na lipogénese e na qualidade nutricional

e as qualidades organolépticas do azeite.

► Efetuar uma análise mineral detalhada para compreender melhor o efeito do défice hídrico nas relações tróficas das oliveiras.

► Determinação de outros metabolitos que possam estar envolvidos nos processos

da osmorregulação, nomeadamente os açúcares solúveis e a glicina-betaína.

► Avaliação do efeito deste stress nas proteínas e nas actividades enzimáticas envolvidos nos diferentes processos metabólicos.

REFERÊNCIAS BIBLIOGRÁFICAS

Agabbio, 1974 ,influenza dell'invtervento irriguo sul ciclo productivo dell'olivico pp 300-398

Arnon, D.I., 1949. Enzimas de cobre em cloroplastos isolados: ployphenol-oxidase em Beta vulgaris L., Plant Physiol. 24:1-15

Ashraf, M., Harris, P.J.C., 2004. Potenciais indicadores bioquímicos de tolerância à salinidade em plantas. Plant. Sci. 166: 3-16.

Ashraf, M. Harris, P.J.C. (2004). Potenciais indicadores bioquímicos de tolerância à salinidade em plantas. Ciência das Plantas, 166, 3-16

Azouggagh M., 2001. Transferência de tecnologia agrícola: boletim mensal MADREEF /DERD N 81.

Barranco, D., Rallo, L., 1995.Las variedades de oliveo coltivadas en Andalucia.Juntade Andalucia, conserjeri de agricultura,pesca y alimentacion.Cordoba,Espanha.

Bekkar, Y., Kuper, M., Hammani, A., Dionnet, M., Eliamani, A., 2007. "Reconversão para sistemas de irrigação localizada em Marrocos. Que ensino para a agricultura familiar?" Revue HTE N°137, p. 38.

Bhatt, R.M., Srinivasa, Rao, N.K., (2005). Influência da resposta da carga da vagem do quiabo ao stress hídrico. Indian J. Plant Physiol, 10: 54- 59.

Binzel, M.L., Bressan, R.A., Handa, S., Handa, A.K., Hasegawa, P.M., Rhodes, D., 1987. Acumulação de solutos em células de tabaco adaptadas ao NaCl. Plant physiology. 84: 1408-1415.

Bouat, A., 1980. L'analyse végétale dans le contrôle de l'alimentation des plantes tempérés et tropical. Ed. Lavoisier, Paris, 810p.

Boulouha, B., Sikaoui, L., Hadiddou, A., Mamouni, A., Ougas, Y., Oukabli, 2006. **"Informação técnica: Oliveiras. Instalação e gestão da cultura. Publicado pelo INRA, pp. 5-14.**

Boulouha, 1986. Crescimento da frutificação e sua interação na produção da picholine marroquina. Oleap, pp. 41-46.

Boulouha, 2006 Seminário internacional sobre a oliveira. Melhoramento genético

Bradford, M.M., 1976. Um método rápido e sensível para a quantificação de quantidades de microgramas de proteínas utilizando o princípio da ligação de corantes a proteínas. Anal. Bioch. 72: 248-257.

C.O.I (Conselho Oleícola Internacional), 2007. "Techniques de production en oléiculture". pp, 23, 146.

Camps, G., 1974. Les civilisations préhistoriques d'Afrique du nord et du Sahara. Paris, Doin,. pp. 51 e 90.

Chartzoulakis, K., Patakis, A., Bosabalidis, A.M., 1999. Alterações nas relações hídricas, fotossíntese e anatomia foliar induzidas pela seca intermitente em duas cultivares de oliveira. Environ. Exp. Bot. 42: 113-120.

Christiansen, M.M., 1982. World environmental limitations to food and fibre culture. Wilded Interscience, pp. 1-11.

Dichio, B., Xiloyannis, C., Sofo, A., Montanaro, G., 2005. Regulação osmótica em folhas e raízes de oliveiras durante um défice hídrico e rega. Tree Physiology 26, 179-185.

Dubois, F., Gilles, K.A, Hamilton, J.K., Rebers, P.A. Smith, F., 1956.

Método colorimétrico para a determinação de açúcares e substâncias afins. Anal. Chem. 28: 350-356.

Ennajah, M., Vadel, A.M., Khemira, H., BenMimoun, M., Hellali, R., 2006. Mecanismos de defesa contra o défice hídrico em duas cultivares de oliveira (Olea europeae L.) 'Meskia e 'Chemlali'. J. Hotic. Sci. Biotech. 81 : 99-104.

Farissi M., **Bouizgaren A., Faghire M., Bargaz A. & Ghoulam C.** 2013. Propriedades agro-fisiológicas e bioquímicas associadas à tolerância das populações de Medicago sativa ao défice hídrico, **Turkish Journal of Botany**, 37, 1166-1175.

Farooq, M., Wahid, A., Kobayashi, N., Fujita, D., Basra, S.M.A., (2009). Stress hídrico das plantas: efeitos, mecanismos e gestão. Agron. Sustain. Dev. 29: 185-212.

Farouk, I.A., 2011. "Estudo morfológico e molecular de 14 genótipos obtidos por cruzamento entre variedades de azeitona nacionais e estrangeiras", p.5.

Fereres, E., 1984. Variabilidade dos mecanismos de adaptação ao défice hídrico em plantas de culturas anuais e perenes. Boletim da Sociedade Botânica de França. Actualités Botaniques 131: 17 32.

Fereres, E., Pruitt, W.O., Beutel, J.A., Henderson, D.W., Holzapfel, E., Shulbach, H., Uriuk, K., 1981. ET e programação de irrigação por gotejamento. In: Fereres, E. Ed. Gestão da irrigação por gotejamento. Universidade da Califórnia. Div. of Agric. Sci. No. 21259, pp. 8-13.

Fereres, E., Ruz, C., Castro, J., Gomez, J.A., Pastor, M., 1996. Recuperation del olivo despues de una sequia extrema. XIV Congreso Nacional de Riegos. Almeria.

Fereres, F., 1984. Variabilidade dos mecanismos de adaptação ao défice hídrico em plantas de culturas anuais e perenes. Boletim da Sociedade Botânica de França. Actualités Botaniques, pp. 131: 17-32.

Fernández, J.E., Moreno, F., Girón, I.F. Blázquez, O.M., 1997. Controlo estomático do uso da água nas folhas da oliveira. Planta e Solo, 190: 179-192

Fernandez, J.E., Morino, F., 1999. Utilização da água pela oliveira. J. Crop. Prod. 2, 101-162.

Filali, B.A., 2010. "Sistemas de irrigação por gotejamento: desenvolvimento, operação,

Galau, G., Close, T.J., 1992. Sequência das proteínas LEA/ RAB/ dehydrin do grupo 2 do algodão codificadas por lea3 cDNCs. Plant physiology. 98: 1523-1525.

Hoekstra, F.A., Golovina, E.A., Buitink, J., 2001. Mechanisms of plant desiccation tolerance (Mecanismos de tolerância à dessecação das plantas). Tendências. Plant. Sci. 9: 431-438.

Kotchi, S.O., 2004. Deteção de stress hídrico por termografia de infravermelhos: Aplicação à cultura da batata.

Kusaka, M., Ohta, M., Fujimura, T., 2005. Contribuição dos componentes inorgânicos para o ajustamento osmótico e a dobragem das folhas para a tolerância à seca no milho-miúdo. Plant physiology. 125: 474-489.

Loussert, R., Brousse, G., 1978. L'olivier. Technique agricole et productions méditerranéene, Edition nationale d'agriculture 10-11Décenbre 1986, Al Awamia N°68, pp. 103-113 ; 231-252.

Loussert, R., e Ferrak, A., 2011. Secret de l'olivier. Edição PCM consultivy, pp :199.

MADRPM (Ministério d a Agricultura, do Desenvolvimento Rural e das Pescas Marítimas), dezembro de 2008. "Plan National Oléicole, Bulletin de liaison du programme national de transfert de technologie en agriculture".

Makela, P., Munns, R., Colmer, T.D., Condon, A.G., Peltonen - Sainio P., 1998. Effect of foliar applications of glycinebetaine on stoamatal conducatnce, abscissic acid and solute concentrations in leaves of salt or drought-stressed tomato. Aust. J. Plant physiol. 25: 655- 663.

MAPM (Ministério da Agricultura e da Pesca Marítima). 2013. Filière oléicole (Sítio Web oficial do ministério).

MAPM (Ministério da Agricultura e da Pesca Marítima), 2013. Irrigação em Marrocos (sítio Web oficial do Ministério).

Mohamed Lamine, 1993 Diagnóstico agronómico da gestão e manutenção da oliveira na região de Amizmiz.

Mckersie, B.D., Leshan, Y.Y., 1994. Stress and stress coping in cultivated plants. Kluwer academic publishers, Londres.

Mehanna, H.T., Stino, R.G., Ikram, S.E., Gad El-Hak, A.H., (2012). A influência da irrigação deficitária no crescimento e na produtividade da cultivar de azeitona Manzanillo em terras desérticas. Journal of Horticultural Science & Ornamental Plants 4 (2): 115-124, 2012

Michelakis, N., 1998. Gestão da água e irrigação para oliveiras. Actas do seminário internacional sobre olivicultura, realizado em 1997, Grécia.

Mohammadian, R., Mghaddam, M.R., Sadeghian, S.Y., 2005. Effect of early season drought stress on growth characteristics of sugar beet genotypes (Efeito do stress hídrico no início da estação nas caraterísticas de crescimento dos genótipos de beterraba sacarina). 29: 357-368.

Monneveux, P., This, D., 1997. La génétique aux problèmes de la tolérance des plantes cultivées à la sécheresse: espoirs et difficultés. 8: 29-37.

Nemmar, M., 1983. Contribution à l'étude de la résistance à la sècheresse chez les variétés de blé dur (Triticum durum. Desf) et de blé tendre (Triticum aestirum L.) Evolution des teneurs en proline au cours du cycle de développement", thesis Doct Ing. onpellier, P.108

Nieves, N., Martinez, M.E., Castillo, R., Blanco, M.A., Gonzàlez-olmedo, J.L., 2001. Efeito do ácido abscísico e do ácido jasmónico na dessecação parcial de embriões somáticos encapsulados de cana-de-açúcar. Plant cell tiss. Org. cult. 65: 15-21.

Nonami, H., (1998). Relações hídricas das plantas e controlo do alongamento celular a baixos potenciais hídricos.J. Plant Res, 111: 373-382.

Orgaz, F., Fereres, E., 2007. Riego. In Barranco,D., Fernandez Escobar, R. e Rallo, L. El cultivo del olivo. Co Edit. junta Andalucia et MP, 724, pp: 287-306.

ORMVAH (Office Régionale de Mise en Valeur Agricole du Haouz), 2005. Guide de **l'irrigation dans le Haouz et fiche régionale de mise en valeur agricole du Haouz.**

Paquin R., Lechasseur P., 1979 - Observations sur une méthode de dosage de la praline libre dans les extraits de plantes, Can J Bot 57: 1851-1854.

Pham Thi, A.T., Borrel-Floud, C., Vieira, S.J., Justin, A.M., Mazliak, P., 1985. Efeitos do stress hídrico no metabolismo lipídico em folhas de algodão. Phytochemistry. 24: 723-727.

Riccardi, F., Gazeau, P., De Vienne, D., Zivi, M., 1998. Alterações proteicas em resposta ao défice hídrico progressivo no milho: variação quantitativa e identificação de polipéptidos. Plant physiology. 117: 125-126.

Seyed, Y.S.L., Rouhollah, M., Mosharraf, M.H., Ismail, M.M.R., 2012. Stress hídrico nas plantas: Causas, efeitos e respostas, Stress hídrico, Prof. Ismail Md. Mofizur Rahman (Ed.), ISBN: 978-953-307-963-9, InTech, Disponível em: http://www.intechopen.com/books/water- stress/water-stress-inplants-causes-effects-and-responses

Trossat, C., 2005. Curso de stress hídrico do trigo. França.

William, G.H., Charles-Marie, E., 2003. Fisiologia vegetal, p. 456.

Farissi M., Bouizgaren A., Faghire M., Bargaz A., Ghoulam C., 2011. Respostas agrofisiológicas de populações marroquinas de alfafa (Medicago sativa L.) ao stress salino durante a germinação e as fases iniciais das plântulas. Ciência e Tecnologia das Sementes. 39: 389-401.

Coudret A. 1981. Ação do NaCI sobre o stress hídrico e as relações nas partes aéreas de Plantago maritima L. e Plantago lanceolata L. Oecol. Plantarum, 2, 16, 111-120.

APÊNDICE

Quadro 1: Tabela ANOVA para a altura média das árvores

Parâmetro	SCE	Ddl	CM	Pescador	Significado
Altura total	32034,754	2	16017,377	19,223	<0,001***

*** Altamente significativo (P<0,001); * Significativo (P<0,05)

Quadro 2: Tabela ANOVA para o diâmetro médio das árvores

Parâmetro	SCE	Ddl	CM	Pescador	Significado
Diâmetro médio	36808,711	2	18404,355	7,238	<0,001***

Tabela 3: Tabela ANOVA para a área da secção do tronco

Parâmetro	SCE	Ddl	CM	Pescador	Significado
Perímetro do porta-bagagens	300,685	2	150,343	9,593	<0,001***

*** Altamente significativo (P<0,001); * Significativo (P<0,05)

Tabela 4: Tabela ANOVA para a condutância estomática

Parâmetro	SCE	Ddl	CM	Pescador	Significado
Condutância estomática	37614,318	2	18807,159	29,931	<0,001***

*** Altamente significativo (P<0,001); * Significativo (P<0,05)

Quadro 6: Tabela ANOVA para o teor de açúcar solúvel

Parâmetro	SCE	ddl	CM	Pescador	Significado
Teor de açúcares solúveis	828,453	2	414,227	13,476	<0,001***

*** Altamente significativo (P<0,001); * Significativo (P<0,05)

Tabela 7: Tabela ANOVA para o teor de prolina

Parâmetro	SCE	ddl	CM	Pescador	Significado
Tetina Proline	27,556	2	13,778	16,125	<0,001***

Tabela 8: Tabela ANOVA para o teor de clorofila

Parâmetro	SCE	ddl	CM	Pescador	Significado
Teor de clorofila	324,985	2	162,492	21,922	< 0,001***

Quadro 9: Tabela ANOVA para o teor de proteínas

Parâmetro	SCE	ddl	CM	Pescador	Significado P (a=5%).
Teor de proteínas	4249,537		2124,768	3,647	*: significativo (P<0,05)

Quadro10 Teste SNK: altura

ÁRVORES		N	SUBSÍDIO
		1	2
Gravidade	40	220,10	
70%ETc	63		248,43
100%Etc	63		255,24
Sig.		1,000	,227

Quadro 12 Teste SNK: perímetro do tronco

árvoresN		Subconjunto	
		1	2
Gravidade	40	17,063	
70%ETc	63	19,913	
100%Etc	63	20.421	
SIG	1.000	510	

Quadro11 Ensaio SNK: diâmetros médios

árvores	N	Subconjunto
		12
Gravidade	40	141,813
70%ETc	63	174.159
100%Etc	63	100%Etc
SIG	1.000	656

Tabela13 Ensaio SNK: Condutância mmol/(m²-s)

Tratamento	N	Subconjunto	
		12	
Gravidade	17	74,641	
100%ETC	22		129,850
70%ETC	22		130,200
Sig.		1,000	,965

Quadro 15 Teste SNK: Teor de açúcar			
tratamento	N	Subconjunto	
		1	2
70%ETC	7	13,80100250626570	
100%ETC	8	17,97824561403510	
Gravidade	5		30,29592982456140
Sig.		,195	1,000

Quadro 16 Teste SNK: Teor de prolina			
Tratamentos	N	Subconjunto	
		1	2
70%ETC	8	2,10008333333333	
100%Etc	7	2,27081904761905	
Gravidade	5		4,88517333333333
Sig.		,745	1,000

Quadro 17 Teste SNK: Teor de clorofila

trt	N		Subconjunto	
		1		2
Gravidade	6	8,17		
70%Etc	9			15,00
100% Etc	7			18,00
Sig.		1,000		,051

Tabela18 Teste SNK: Teor de proteínas

Tratamento	N	Subconjunto	
		1	2
100%xETC	9	111,08392796466200	
70%xETC	9	115,33809038396200	
Gravidade	6		143,64525993883800
Sig.		,733	1,000

I want morebooks!

Buy your books fast and straightforward online - at one of world's fastest growing online book stores! Environmentally sound due to Print-on-Demand technologies.

Buy your books online at
www.morebooks.shop

Compre os seus livros mais rápido e diretamente na internet, em uma das livrarias on-line com o maior crescimento no mundo! Produção que protege o meio ambiente através das tecnologias de impressão sob demanda.

Compre os seus livros on-line em
www.morebooks.shop

info@omniscriptum.com
www.omniscriptum.com

Printed by Books on Demand GmbH, Norderstedt / Germany